LO QUE OLVIDAMOS LOS ENFERMEROS

Felix A Rodríguez D

Barinas 2014

Título: LO QUE OLVIDAMOS LOS ENFERMEROS
ID: 14445291
Categoría: Medicina y ciencia
Editor: FELIX RODRIGUEZ
Año del copyright: © 2014
Idioma: Español
País: Venezuela
Palabras claves: ENFERMERIA, AMOR, SALUD
Licencia: Licencia copyright estándar
www.lulu.com
www.autoreseditores.com
www.creatapace.com

La rutina, la sobre carga de trabajo, el equivocarnos de profesión o no saber dejar nuestros problemas en el hogar puede provocar que se nos olvide SER ENFERMEROS.

Dedicatoria

A Dios primeramente a mi madre mi esposa y mi hija por ser el motor de mi vida.

Felix Rodríguez D

EL ARTE DE CUIDAR AL PACIENTE CRÍTICO ES PREVER Y ESTAR PENDIENTE DE LOS PEQUEÑOS DETALLES.

EL MEJOR SITIO

DONDE UN ENFERMERO

PUEDE LLEVAR A UN

PACIENTE

ES INTEGRARLO A SU

ENTORNO SOCIAL.

Felix Rodríguez D

LA ENFERMERIA ES MÁS

QUE SABER

SOLO ENFERMERIA.

EL ENFERMERO

DE CUIDADOS CRITICOS

DEBE SABER

AMAR.

Felix Rodríguez D

LA ENFERMERIA MÁS

QUE UNA CIENCIA APLICADA

ES DIDICAR PACIENCIA

AMOR Y SINCERIDAD

EL VERDADERO AMOR

ES EL DESEO INEVITABLE

DE AYUDAR, SERVIR Y

APOYAR AL OTRO PARA QUE

SE DESCUBRA

QUIEN ES REALMENTE.

Felix Rodríguez D

LA SATISFACCIÓN MÁS GRANDE DEL ENFERMERO DE TERAPIA INTENSIVA ES SABER QUE AYUDO A LA REHABILITACIÓN O AL BUEN MORIR.

Felix Rodríguez D

SI MIL VECES NACIERA

MIL VECES ELIGIERA SER

ENFERMERO.

LA RESPONSABILIDAD FUNDAMENTAL DEL ENFERMERO TIENE TRES ASPECTOS: CONSERVAR LA VIDA, ALIVIAR EL SUFRIMIENTO Y FOMENTAR LA SALUD

FRASES DE FLORENCE NIGHTINGALE

EDUCAR NO ES ENSEÑAR AL HOMBRE A SABER, SINO A HACER.

LO IMPORTANTE NO ES

LO QUE NOS HACE EL

DESTINO, SINO LO QUE

NOSOTROS HACEMOS DE ÉL.

DESTINO

FRASES DE FLORENCE NIGHTINGALE

LAS MUJERES ANHELAN UNA EDUCACIÓN QUE LES ENSEÑE A ENSEÑAR, QUE LES ENSEÑE LAS REGLAS DE LA MENTE HUMANA Y CÓMO APLICARLAS.

HAY QUE REALIZAR ENSAYOS, HAY QUE EMPRENDER ESFUERZOS; ALGUNOS CUERPOS TIENEN QUE CAER EN LA BRECHA PARA QUE OTROS PASEN SOBRE ELLOS.

FRASES DE FLORENCE NIGHTINGALE

(...) Y SABIENDO, EN LA SITUACIÓN ACTUAL, LO IMPERFECTA QUE PUEDE SER TAL EDUCACIÓN, ANHELAN UNA EXPERIENCIA, PERO UNA

EXPERIENCIA APLICADA Y SISTEMATIZADA.

TENGO UNA NATURALEZA MORAL Y ACTIVA, QUE REQUIERE SATISFACCIÓN Y ESO NO LO ENCONTRARÍA SI PASARA LA VIDA EN COMPROMISOS SOCIALES Y ORGANIZANDO LAS COSAS DOMÉSTICAS.

Felix Rodríguez D

FRASES DE FLORENCE NIGHTINGALE

SI PUDIÉRAMOS SER EDUCADOS DEJANDO AL MARGEN LO QUE LA GENTE PIENSE O DEJE DE PENSAR, Y TENIENDO EN CUENTA SÓLO LO QUE EN PRINCIPIO ES

BUENO O MALO, ¡QUÉ DIFERENTE SERÍA TODO!

CUANDO YA NO SEA NI SIQUIERA UNA MEMORIA, TAN SÓLO UN NOMBRE, CONFÍO EN QUE MI VOZ PODRÁ PERPETUAR LA GRAN OBRA DE MI VIDA. DIOS BENDIGA A MIS VIEJOS Y QUERIDOS

CAMARADAS DE BALACLAVA Y

LOS TRAIGA A SALVO A LA

ORILLA.

FRASES DE FLORENCE NIGHTINGALE

LA OBSERVACIÓN INDICA CÓMO ESTÁ EL PACIENTE; LA REFLEXIÓN INDICA QUÉ HAY QUE HACER; LA DESTREZA PRÁCTICA INDICA CÓMO HAY

QUE HACERLO. LA FORMACIÓN Y LA EXPERIENCIA SON NECESARIAS PARA SABER CÓMO OBSERVAR Y QUÉ OBSERVAR; CÓMO PENSAR Y QUÉ PENSAR.

FRASES DE FLORENCE NIGHTINGALE

(...) AUNQUE DESDE EL PUNTO DE VISTA INTELECTUAL SE HA DADO UN PASO ADELANTE, DESDE EL PUNTO

DE VISTA PRÁCTICO NO SE HA PROGRESADO. LA MUJER ESTÁ EN DESEQUILIBRIO. SU EDUCACIÓN PARA LA ACCIÓN NO VA AL MISMO RITMO QUE SU ENRIQUECIMIENTO INTELECTUAL.

Felix Rodríguez D

FRASES DE FLORENCE NIGHTINGALE

SE SUPONE QUE LAS MUJERES NO DEBEN TENER UNA OCUPACIÓN SUFICIENTEMENTE IMPORTANTE PARA NO SER

INTERRUMPIDAS; ELLAS SE HAN ACOSTUMBRADO A CONSIDERAR LA OCUPACIÓN INTELECTUAL COMO UN PASATIEMPO EGOÍSTA, Y ES SU DEBER DEJARLO PARA ATENDER A ALGUIEN MÁS PEQUEÑO QUE ELLAS.

FRASES DE FLORENCE NIGHTINGALE

LO PRIMERO QUE RECUERDO, Y TAMBIÉN LO ÚLTIMO, ES QUE QUERÍA TRABAJAR COMO ENFERMERA O, AL MENOS, QUERÍA TRABAJAR EN LA

ENSEÑANZA, PERO EN LA ENSEÑANZA DE LOS DELINCUENTES MÁS QUE EN LA DE LOS JÓVENES. SIN EMBARGO, YO NO HABÍA RECIBIDO LA EDUCACIÓN NECESARIA PARA ELLO.

Felix Rodríguez D

UN PASEO POR LA HISTORIA

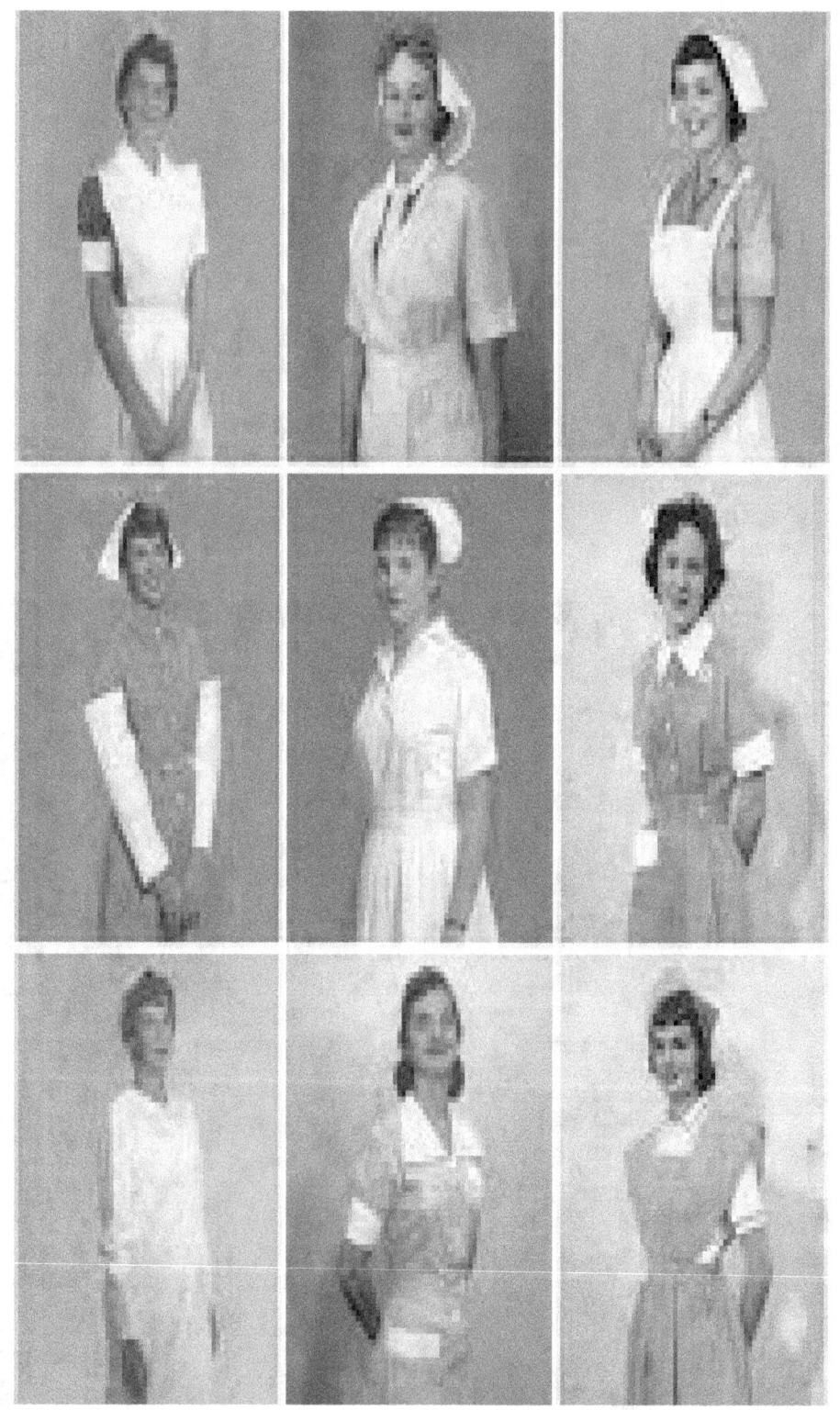

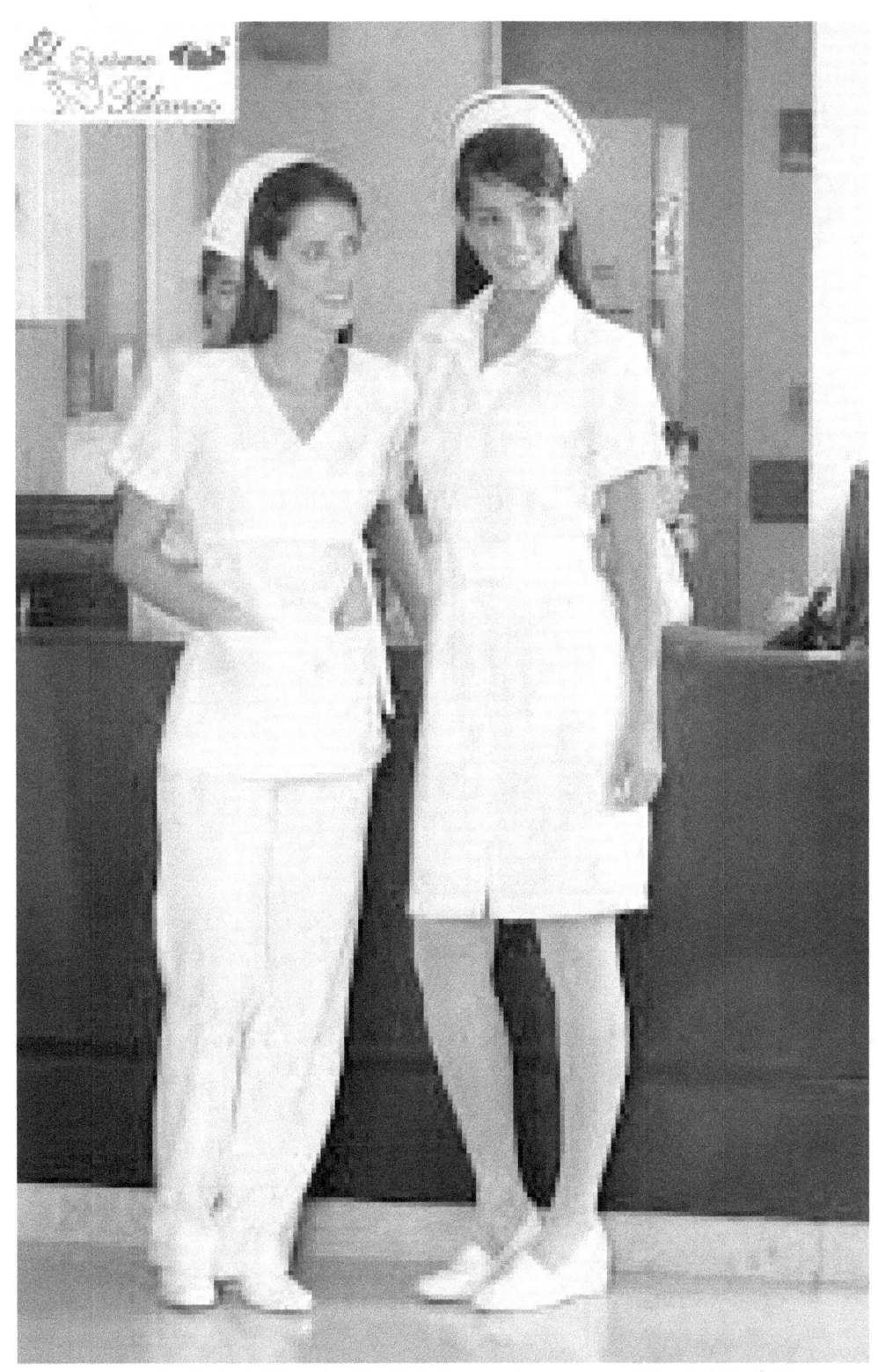

VEMOS COMO A PASAR DE LOS AÑOS NUESTRO UNIFORME A EVOLUCIONADO DE

ACUERDO AL CONTINENTE Y PAIS DONDE SE LABORE PERO LA PUREZA DEL MISMO Y LA ESENCIA DEL EJERCICIO DE LA ENFERMERIA SE HA MANTENIDO EN EL CUIDADO HUMANO A LA PERSONA NECESITADA A TRAVES DE LOS ANOS.

Felix Rodríguez D

RECREACION GRAFICA

DATO MUY IMPORTANTE EN LOS ENFERMEROS DE TERAPIA INTENSIVA NUNCA PERDER LA CHISPA DEL HUMOR Y EL FUEGO DE LA PASIÓN.

GRACIAS CONTINUARA...

www.ingramcontent.com/pod-product-compliance
Lightning Source LLC
Chambersburg PA
CBHW081146170526
45158CB00009BA/2717